LA LOI GRIFFE

ET LE

LABORATOIRE MUNICIPAL DE PARIS

PAR

J. BRUHAT

PARIS
IMPRIMERIE Vve HUGONIS
6, rue Martel, 6

1887

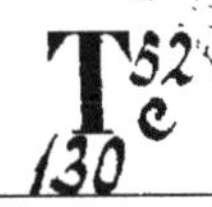

LA

LOI GRIFFE

ET LE

LABORATOIRE MUNICIPAL DE PARIS

Lettres d'un Chimiste

(JEAN DE METZ)

PAR

J. BRUHAT

PARIS
IMPRIMERIE Vve HUGONIS
6, rue Martel, 6

1887

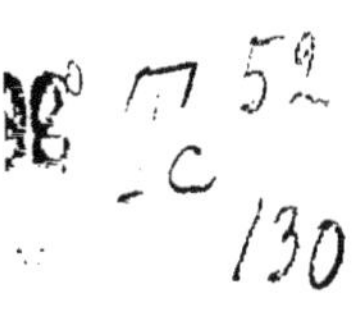

A Monsieur MILLERAND
Ancien Conseiller Municipal de Paris,
Député de la Seine.

« Au moment où la loi Griffe est venue en discussion à la Chambre, vous avez vivement protesté contre ce projet de loi qui, disiez-vous, uniquement destiné à sauvegarder les intérêts particuliers de quelques viticulteurs du Midi, ne pouvait avoir que des résultats funestes pour la production en général, pour le vendeur, et surtout pour le consommateur . . . .

Vous avez le désir, la volonté, de demander à la nouvelle Chambre, non seulement la non-application de la loi Griffe, mais son abrogation ; et, dans votre éloquent discours au Cirque-d'Hiver, vous avez montré et les dangers et l'inefficacité de cette loi funeste . . . .

. . . . . Cette question de la loi Griffe et du laboratoire est une grosse et grave question d'intérêt public. Il me sera facile de démontrer, preuves en mains, combien vous avez eu raison de protester contre l'adoption de cette loi si funeste à nos intérêts commerciaux et à la santé publique et, comme vous l'avez fait avec tant d'éloquence, lors du procès du *XIXe Siècle*, contre le fonctionnement du laboratoire ; cela, en attendant le jour prochain où vous pourrez, à la nouvelle Chambre, demander et certainement obtenir l'abrogation de cette ineptie parlementaire qui porte le nom de la loi Griffe. » (*La Voix*, 25 septembre 1889.)

J. BRUHAT.

LA LOI GRIFFE

ET LE

LABORATOIRE MUNICIPAL DE PARIS

I

UNE LOI A ABROGER
ATTRIBUTION DE LA RESPONSABILITÉ

Depuis la création du laboratoire municipal, on ne cesse de parler de projets de loi imaginés pour réprimer les fraudes dans le commerce des denrées alimentaires en général et des vins en particulier.

On en a parlé... mais c'est tout.

Ces lois-là, pourtant, tout le monde les attendait avec une réelle impatience. C'était là une grave et importante question d'intérêt général, tant au point de vue de notre prospérité commerciale que de nos rapports avec l'étranger, et une intéressante question d'hygiène pratique au point de vue de la santé publique.

La Chambre qui eut fait aboutir une pareille loi, mais une loi complète, sagement ordonnée et pratiquement réalisable, eut certes rendu à la population toute entière un signalé service et se fût, de ce fait, acquis une popularité certaine et une réelle gratitude.

Pourquoi donc alors, au lieu de chercher à prévenir les fraudes et les falsifications du vin naturel, comme le demandait M. Millerand au cours de la loi Griffe, au lieu d'élaborer une loi complète et pratique, permettant de satisfaire tout le monde (hormis les fraudeurs, mais ceux-là ne nous intéressent pas) et d'établir nettement les responsabilités (et remarquons en passant que cette tâche était singulièrement facilitée par les nombreux projets de loi qui dorment depuis longtemps dans les cartonniers du palais Bourbon), pourquoi donc alors, nos députés n'ont-ils pu mettre au monde qu'un avorton de loi tronqué, impossible à appliquer dans l'état actuel de nos connaissances scientifiques, et dont les dispositions n'ont comme but et comme effet *présumé* que de favoriser les intérêts particuliers de certains viticulteurs du Midi, au détriment de tout le commerce vinicole de France, au détriment du producteur, du marchand et du consommateur.

« *E Monte nascitur ridiculus mus.* »

Malgré les protestations des Chambres de commerce, malgré le rapport si complet et si clair du comité central des Chambres syndicales, malgré l'affirmation des chimistes les plus compétents dans l'espèce, et qui se déclaraient nettement impuissants à décéler la falsification visée par la loi projetée (ce qui lui enlevait toute possibilité d'application et la rendait par conséquent illusoire (A MOINS D'EMPLOYER L'ARBITRAIRE), malgré tous et contre tous, la loi Griffé a été votée avec un singulier empressement.

Pourquoi donc cette hâte, pourquoi cette précipitation ?

Laissons faire la réponse au *créateur* du laboratoire municipal, M. ANDRIEUX (1).

« ... La Chambre allait se séparer. Les députés du Midi avaient promis de faire voter une loi qui protégerait les viticulteurs contre l'envahissement toujours croissant des vins de raisins secs ou falsifiés ; les élections étaient proches et l'on ne pouvait décemment pas se présenter devant les électeurs sans une loi quelconque, si mauvaise qu'elle soit.

La Chambre a ordonné l'urgence, la discussion immédiate ; pour un peu, elle aurait voté la loi sans l'examiner, sans la discuter, tant elle était pressée de mettre la clé sous la porte, pour prendre celle des champs.

Elle comptait cependant des hommes qui, pour être pressés, n'entendaient pas qu'on cherchât à léser la grande masse des *consommateurs* et qui élevèrent de justes protestations étayées sur des arguments irréfutables. »

Mais voilà ! On avait dit à nos députés que la loi projetée était un préservatif efficace. Les Chambres syndicales elles-mêmes étaient prêtes à s'y rallier *pourvu qu'on leur vint*

(1) *Petite République française*, 28 août.

fournir une méthode leur permettant de se garantir de la falsification et, en particulier, *de déceler le vin de raisins secs.*

La Chambre est-elle bien la vraie coupable?

Il serait peut-être bon de remonter à la source et de rendre à César ce qui revient à César.

César, en cette occasion, pourrait bien être M. le directeur du laboratoire municipal.

Si nous lisons, en effet, les procès-verbaux manuscrits de la commission parlementaire nommée le 13 novembre 1888 (M. Dandreis, *président*, MM. Durand Savoyat, Brousse, Vernière, Michou, Jamais, Razimbaud, Salis, Dubois, Ménard-Dorian, Gaussorgues, *secrétaire*) pour étudier :

1° La proposition de loi adoptée par le Sénat et ayant pour objet d'indiquer au consommateur la nature du produit livré à la consommation sous le nom de *vin* et de prévenir les fraudes dans la vente de ce produit. (Loi Griffe).

2° De la proposition de loi de MM. Brousse et Vilar sur les imitations du vin; nous en retrouvons la preuve indiscutable.

Voici ces procès-verbaux textuellement copiés et tels qu'ils existent aux archives du palais Bourbon.

« Séance du 16 Novembre. — Présidence de M. Dandreis.

« M. Brousse développe sa proposition de loi.

« Il est vrai que l'objection capitale que l'on pourra faire
« à la loi, étant les difficultés d'application, il conviendrait
« d'entendre M. Girard, chef du laboratoire municipal et
« MM. les directeurs généraux des douanes et des contri-
« butions indirectes.

« M. le président se charge de faire cette convocation
« pour lundi 1 h. 1/2.

« Séance du 21 Novembre 1888. — Présidence de
« M. Dandreis.

« La séance est ouverte à 1 h. 3/4.

« Audition de M. Girard, directeur du laboratoire municipal et de M. Catusse, directeur général des contributions indirectes.

« M. le directeur du laboratoire est invité par M. le président à donner son opinion sur la question suivante :

« Y A-T-IL DES PROCÉDÉS CHIMIQUES A L'AIDE DESQUELS IL « SOIT POSSIBLE DE DISTINGUER LES BOISSONS FABRIQUÉES « AVEC DU RAISIN SEC, DU VIN NATUREL; ET EST-IL POSSIBLE « DE RECONNAITRE EN TOUS CAS, L'ADDITION DE CES « BOISSONS AU VIN NATUREL?

« M. Girard répond *qu'il existe* une méthode *vraisem-* « *blablement* CERTAINE pour reconnaître un vin fabriqué « avec du raisin sec.

« Le vin de sucre est très difficilement reconnaissable, « mais la piquette (genre dérivé du vin de sucre) est une « boisson qui ne saurait tromper le dégustateur sur la na- « ture de sa composition.

« *Les mélanges de boissons fabriquées, avec le vin natu-* « *rel, peuvent être découverts quand l'élément artificiel* « *ajouté, atteint* 5 0/0 *du mélange s'il s'agit d'un vin de* « *raisins secs* et 50 0/0 s'il s'agit d'un vin de sucre. Dans « ce dernier cas, la découverte n'est pas toujours assurée. « Les vins fabriqués avec du glucose se reconnaissent « facilement. La présence de la mannite atteste, en tous « cas, que ce vin est fabriqué avec des figues ou des ca- « roubes.

« Divers membres de la commission posent à M. Girard « des questions de détails auxquelles celui-ci a répondu.

« M. le président remercie M. Girard de ces explications. »

Voilà le document officiel.

On voit tout d'abord que M. Girard, au lieu de répondre à la question bien précise et bien limitée du président sur le vin de raisins secs, a introduit dans sa réponse un peu de toutes sortes de choses tout à fait en dehors de la question en y mêlant les vins de sucre, de glucose, de figues, de caroubes. Si nous résumons ce qui a rapport à l'addition de vin de raisins secs, on voit que M. Girard a affirmé avoir une méthode lui permettant de reconnaître 5 0/0 de vins de raisins secs dans un coupage.

Alors les craintes de non possibilité d'application de la loi que manifestait à la première séance de la commission M. Brousse, étaient ainsi déclarées vaines par la réponse nettement affirmative du directeur du laboratoire.

La vraie cause de la loi Griffe est donc l'affirmation de M. Girard. C'est là un fait que l'honorable M. Benon, conseiller municipal de Paris, faisait déjà ressortir dans son rapport du 17 décembre 1888.

Voici, en effet, ce que dit M. Benon (*Bulletin municipal officiel du* 18 *décembre*).

« La théorie du Laboratoire sur les raisins secs est aussi fausse que celle du mouillage.

M. Girard, qui n'est jamais saisi du doute scientifique, *affirme* que l'on *peut* découvrir et CERTIFIER la présence de vins de raisins secs dans un coupage. Il l'a affirmé partout, à la Commission du Laboratoire, à la Commission de la Chambre, et, il y a quelques jours, au sein de la 7me Commission du Conseil général.

Messieurs, il faut s'expliquer nettement là-dessus et il faut que le commerce soit fixé une fois pour toutes, car la loi Griffe, que l'on peut appeler la loi d'authenticité, est sortie du Sénat et sortira prochainement de la Chambre. La régie et l'octroi ont même commencé à l'appliquer en demandant que les acquits et déclarations portent : vin de vendange ou vin additionné de raisins secs, de vin de sucre, etc..

A M. Girard, qui prétend avoir publié ses procédés d'analyse, nous disons que cela n'a jamais été fait officiellement et que certain procédé venant d'Allemagne pourrait bien être, non un procédé du Laboratoire appliqué et publié en Allemagne, mais tout simplement le procédé de Neubauer, que naguère M. Girard donnait comme bon et qu'il a sans doute abandonné puisqu'il ne se sert plus actuellement du polarimètre et qu'il nous parle de coloration bleue obtenue avec un produit chimique.

En dehors du Laboratoire, des hommes éminents dans la science chimique, des chimistes vinicoles, attendent, comme le commerce, que M. Girard publie, non au hasard, un procédé qu'on laissera publier dans une feuille quelconque, quitte à le repousser ensuite s'il est attaqué par des hommes compétents, mais au *Bulletin municipal officiel*, avec la signature du chef du Laboratoire.

M. Girard a des certitudes; il a, dit-il, fait des études comparatives nombreuses, des expériences qui ont donné des résultats *complets*; c'es bien, mais que le commerce, renseigné par lui, puisse à son tour se défendre, ou nous serons autorisés à dire que ce que l'on cherche, ce n'est pas la vérité scientifique, mais des clients pour les tribunaux correctionnels.

Messieurs, le Laboratoire est une institution publique qui n'a pas à cacher ses inventions pour en tirer profit et cependant on y cache ses procédés comme si on craignait de les voir employer par un concurrent.

Et qu'on ne nous dise pas qu'il faut en pareil cas dissimuler pour trouver les délits, car alors nous répondrons que votre institution est une œuvre immorale.

Ne protestez pas, et publiez vos procédés d'analyse ».

On ne voit pas très bien, au reste, l'inconvénient que pouvait présenter cette publication, M. Girard affirmant son procédé *infaillible.*

Nous voici tout naturellement amené à étudier les procédés employés au laboratoire pour *rechercher* et, dit M. Girard, *reconnaître* le vin de raisins secs ajouté au vin de vendange. Nous verrons ensuite ce que les auteurs les plus autorisés pensent et disent de la même question.

II

LES PROCÉDÉS DU LABORATOIRE MUNICIPAL

Le 7 juillet, j'écrivais dans le *XIX*e *Siècle*, l'article suivant :

Rapport du Comité central des Chambres syndicales sur la loi Griffe. — Recherche des vins de raisins secs — Procédés secrets du Laboratoire municipal.

Le comité central des chambres syndicales *(Union des syndicats professionnels*), qui compte dans son sein la presque totalité des chambres syndicales de toutes professions, libérales et manuelles, s'est occupé très attentivement du projet de loi dit *loi Griffe*, ayant pour objet l'obligation pour le vendeur d'indiquer au consommateur la nature du produit livré sous le nom de *vin*, et de prévenir les fraudes dans la vente de ce produit.

Faisons remarquer tout d'abord que ce comité central des chambres syndicales ne saurait être suspect de partialité contre M. Girard, plus des 9/10 de ces chambres syndicales n'ayant aucun rapport à avoir avec le Laboratoire municipal et n'ayant à s'occuper de la question qu'à titre de *consommateur*, 4 d'entre elles seulement étant soumises au contrôle du Laboratoire et 2 seulement pouvant avoir un intéret comme commerçants dans la vente des vins : la chambre syndicale des épiciers et la chambre syndicale des marchands de vins en gros. De plus, au sein même de ce comité, M. Ch. Girard compte plus d'un ami. Nous citerons, entre autres, un de ses témoins devant la cour d'assises : M. *H. Suilliot,* président de la chambre syndicale des produits chimiques.

La loi Griffe

M. *Crinon,* pharmacien, le savant et bien connu directeur du *Répertoire de Pharmacie*, rapporteur de la commission du comité central pour l'étude de la *loi Griffe*, a bien voulu nous communiquer son rapport.

Il débute ainsi :

Sur la demande de M. Pector, le comité central a décidé qu'il se livrerait à l'étude de cette loi, et il en a confié l'examen à une commission composée de MM. Pector, Jarlauld, Gabriel, Capgrand et Crinon. Je viens, au nom de cette commission, vous exposer le résultat de ces travaux.

Si l'on jette un regard d'ensemble sur le projet de loi dont je viens de vous donner connaissance, on distingue très nettement l'intention qui l'a dicté à ceux qui en sont les auteurs. Cette intention est excellente, nous tenons à le déclarer très sincèrement et à dire hautement, au nom du comité central tout entier, comme au nom des membres de votre commission, que nous serons toujours disposés, en principe, à donner notre entière approbation à toute mesure destinée à réprimer les fraudes dans les transactions commerciales. Dans toutes les circonstances où les pouvoirs publics édicteront des lois ayant pour but de garantir la loyauté de ces transactions, le commerce honnête ne songera jamais à faire entendre la moindre protestation.

Cela est parfait, et pas une voix protestataire ne s'élèvera contre cette question de principe.

Certain chimiste. .

M. Crinon ajoute ensuite :

Mais il peut arriver que certaines dispositions législatives proposées dans un but des plus louables, offrent de sérieux inconvénients à divers points de vue. C'est le cas de la « loi Griffe », qui, tout en visant des fraudes que nous flétrissons, nous semble présenter des dangers qu'il est de notre devoir de signaler au législateur.

Ces dangers, d'après le rapport, sont de deux sortes : nuire au commerce honnête et à la production, et encourager les marchands en gros à délaisser les vins de France au profit des vins étrangers, où la falsification est plus commune et plus grave. Mais il est un passage de ce rapport que nous tenons à citer :

Un deuxième moyen s'offrirait à l'administration pour la constatation des infractions à la loi : elle aurait la ressource de prélever des échantillons soit sur les vins vendus par les débitants au détail, soit sur les expéditions faites par les négociants ou par les producteurs. Cette manière de procéder aurait les plus graves inconvénients pour le commerce et même pour la production. *Certain* chimiste prétend reconnaître très sûrement les vins additionnés de vins de raisins secs ou de vins de sucre ; mais son affirmation est en opposition formelle avec l'opinion de la plupart de ses confrères qui pensent qu'il n'existe *actuellement* aucune méthode d'analyse permettant d'affirmer à coup sûr la présence du vin de raisins secs ou du vin de sucre dans un vin de raisins frais, *à moins que les additions ne soient faites dans des proportions très considérables.*

Enfin le rapport conclut en ces termes :

En résumé, nous considérons la *loi Griffe* comme ne pouvant être mise en exécution, à cause des difficultés que rencontrerait la régie dans son application ;

Nous la considérons comme une mesure vexatoire, destinée à entraver la rapidité des transactions commerciales ;

Nous la considérons comme pouvant exposer les commerçants à des condamnations prononcées sur le dire de certain chimiste dont les méthodes d'analyse ne présentent pas un caractère suffisant de certitude ;

Nous la considérons comme allant à l'encontre des intérêts des viticulteurs qu'elle prétend protéger, en ce sens que les marques apposées sur les fûts discréditeront nécessairement les vins français dans notre pays et à l'étranger ;

Nous la considérons enfin comme inutile, attendu que les tribunaux sont suffisamment armés par l'article 423 du Code pénal et par les lois de 1851 et de 1855, pour punir les fraudes qui se produiraient.

En conséquence, nous vous proposons de vous prononcer pour le rejet d'une loi dont le but unique est de réprimer des abus qui disparaîtront par la force des choses, dans un avenir peu éloigné, à l'époque où, par le fait de la reconstitution des vignobles, la production de la France sera redevenue ce qu'elle était avant l'apparition du phylloxera et des autres maladies de la vigne.

Les conclusions de ce rapport ont été adoptées à l'unanimité par le comité central des chambres syndicales, dans sa séance du 27 décembre 1888.

Méthodes infaillibles

Or, quel est donc le *chimiste* auquel fait allusion le rapport de la commission du comité central ? Nos lecteurs l'ont déjà deviné : C'est le directeur du laboratoire Municipal.

« Ce chimiste prétend reconnaître très sûrement les vins additionnés de vins de raisins secs », nous dit M. Crinon.

Voyons ses méthodes, examinons ses moyens d'expertise, étudions ses procédés de recherche.

Nous avons la bonne fortune d'avoir sous les yeux tous les procédés imaginés et employés au Laboratoire municipal pour reconnaître les vins de raisin secs, y compris les deux fameux procédés *secrets* que M. Girard prétend ne vouloir dévoiler à personne et qui ne sont pourtant que des secrets... de Polichinelle.

La première méthode, appliquée dès l'origine du Laboratoire, fut celle de *Neubauer*. M. Girard la regarda comme infaillible jusqu'en 1883, et s'en servit pour faire poursuivre pas mal de commerçants. A cette époque il fut obligé de reconnaître que ce procédé ne valait rien. Les marchands condamnés n'en restèrent pas moins condamnés, et M. Girard changea sa méthode.

Se basant sur ses fameuses *moyennes* pour calculer le mouillage par rapport à l'alcool et à l'extrait, M. Girard imagina que tout vin plus mouillé d'après l'extrait que d'après l'alcool serait *viné*, et que tout vin plus mouillé d'après l'alcool que d'après l'extrait, serait *falsifié par addition de vin de raisins secs.*

C'était superbe, admirable, infaillible. Il ne manquait qu'une chose à ce procédé pour être parfait : c'était d'être exact et d'avoir le sens commun.

Ce procédé, appliqué entre autres vins, aux vins *nature* du Centre, de la Loire et du Midi, que M. Girard donne comme types de cépages dans ses propres Documents et qu'il affirme être des vins en *parfaite nature*, les transforme immédiatement en *vins de raisins secs.*

Ce procédé, mis en usage pendant quelques années, fut la cause de pas mal de poursuites et enfin... abandonné par son propre auteur.

Depuis, trois procédés, tous plus infaillibles les uns que les autres, se sont succédés au Laboratoire pour la recherche et la détermination des piquettes de vins de raisins secs.

Le cahier bleu d'un chimiste

Les voici tels qu'ils ont été copiés sur le cahier de notes d'un chimiste du Laboratoire municipal :

1er procédé. — *Réaction du phosphomolybdate de soude en liqueur légèrement alcaline dans les vins de raisins secs.*

Dans un verre de montre, 5 centimètres cubes de vin décoloré au noir animal sont alcalinisés par quelques gouttes d'ammoniaque, puis on ajoute 3 gouttes de phosphomolybdate de soude et on met au bain-marie pendant 3 minutes ;

Piquette de raisins secs ou coupage de vin et vin de raisins secs : *Laque bleue très colorée.*

Vins naturels : Laque devenant blanche après avoir été légèrement colorée en bleu.

Ce procédé, comme les précédents, a dû être abandonné parce qu'il ne valait rien.

Le cahier où nous puisons ces notes mentionne également un procédé au chromate de potasse, un autre à l'urane, qui n'ont pas dû donner de résultats bien concluants, puisqu'ils ne sont même pas détaillés et n'ont même pas été mis en pratique au Laboratoire.

2e procédé. — *Réaction du sulfate de cuivre en liqueur potassique.*

On met dans un verre de montre 5 centimètres cubes de vin décoloré au noir animal et fortement alcalinisé par de la potasse (1 à 2 centicubes de potasse pour les 5 centicubes de vin), puis on ajoute goutte à goutte du sulfate de cuivre.

L'oxyde se dissout pour colorer la liqueur en bleu pour les vins naturels, tandis qu'on obtient un précipité vert sale avec les piquettes de raisins secs ou les coupages contenant ces piquettes. En portant l'essai au bain-marie pendant cinq minutes, le sulfate de cuivre se précipite à l'état d'oxydule dans les piquettes, *partiellement* dans les mélanges de piquettes et de vin, *pas du tout* dans les vins naturels.

Nous reconnaissons volontiers avoir été plongé dans une stupéfaction profonde par la lecture de ce procédé. Que le vin de raisins secs, qui contient, comme le vin de raisins frais, du bitartrate de potasse, précipite le sulfate de cuivre à l'état d'oxydule dans une liqueur alcalinisée par un excès de potasse, cela n'a rien de surprenant, au contraire; mais que le vin pur ne donne pas ce précipité... cela nous paraît tout à fait extraordinaire, puisqu'on dose précisément le sucre dans les vins, même au Laboratoire municipal, en se servant de la liqueur cupro-potassique ou solution de sulfate de cuivre en liqueur alcalinisée par la potasse. Avec ce procédé-là, tous les vins analysés au Laboratoire seraient à peu près sûrement trouvés falsifiés par addition de vins de raisins secs, même les vins parfaitement nature sans la moindre trace de piquette.

Procédé secret... de Polichinelle

Enfin, le fameux procédé secret, celui qui a été indiqué comme absolument infaillible aux conseillers municipaux et au monde savant, mais que M. Girard tient soigneusement à l'abri des oreilles profanes, est le suivant ;

On dose le sucre. On intervertit une autre portion, et, pour cela, on fait bouillir vingt minutes, au bain de sel, cent centicubes de vin *préalablement décoloré au noir animal* et additionné de cinq centicubes d'acide chlorhydrique, puis on fait sur cette deuxième liqueur un nouveau dosage du sucre.

On a ainsi deux nombres. On soustrait le plus grand du plus petit, et on divise le reste de la soustraction par le plus petit nombre.

Si le résultat de la division est moindre que 0,25, le Laboratoire conclut : *Pas de piquette.*

Dans le cas contraire, M. Girard affirme que le vin a été falsifié par de la piquette.

Le procédé est original ; seulement, paraît-il, il n'est pas plus exact que ses devanciers. Nous n'en voulons pour preuves que les affirmations des experts commis récemment, pour l'étudier et dont les dépositions, lors du procès du *XIXe Siècle,* sont encore présentes à la mémoire : « Le procédé ne permet pas de reconnaître le vin de raisins secs, nous ont dit des expérimentateurs, pas plus que l'addition de vin de raisins secs à du vin de raisins frais ; mais, en revanche, certains vins en parfaite nature, essayés par ce procédé, donnent les réactions qui, d'après M. Girard, sont caractéristiques des piquettes. »

Conclusion

En résumé, depuis nombre d'années, le Laboratoire a conclu bien des fois à la falsification de vins par addition de piquette de vins de raisins secs, et pourtant les chimistes les plus experts et les plus consciencieux, comme MM. Riche, Lhote, Magnier de la Source et Portes, affirment que dans l'état actuel de la science, il n'existe pas de procédé certain pour déceler et affirmer cette falsification.

Mouiller son vin ou vendre du vin de raisins secs sous le nom de vin pur, cela est une tromperie sur la nature de la marchandise vendue ; mais si ces faits sont répréhensibles, il ne nous paraît pas moins juste qu'une condamnation judiciaire doit être établie sur des preuves, et ces preuves, M. Girard ne les établit pas suffisamment.

Le directeur du Laboratoire municipal objectera sans doute que la dégustation permet de reconnaître la fraude, ainsi que M. Vacher l'affirmait l'autre jour aux assises, et qu'il a entre les mains des moyens de police. Nous les étudierons dans un prochain article. En attendant, nous constatons que les procédés chimiques sont insuffisants. »

A la suite de cette publication, le *Répertoire de Pharmacie* publiait, dans son numéro d'août, la note suivante :

« Nous avons parlé d'une nouvelle méthode employée au Laboratoire municipal de Paris pour la recherche du vin de raisins secs dans le vin, et nous avons annoncé que M. Ch. Girard gardait le secret sur ce procédé soi-disant infaillible.

Le *XIX*[e] *Siècle* du 7 juillet dernier vient de divulguer ce fameux procédé secret que nous recommandons aux méditations des *vrais* chimistes. »

Vient ensuite la description du procédé, et le journal (dont on connaît la haute compétence) ajoute comme conclusion :

« DÉCIDÉMENT, NOUS CROYONS QUE M. GIRARD CHERCHE A SE CRÉER UN CERTAIN RENOM COMME CHERCHEUR DE COMBLES. »

III

OPINION DES AUTEURS

Sur la recherche chimique du vin de raisins secs dans un coupage par les procédés chimiques.

Rappelons brièvement l'opinion du monde savant à l'égard de la recherche des vins de raisins secs.

« Brièvement » nous sera facile, la plupart des auteurs, faute de procédés reconnus bons, gardant le silence à ce sujet. Les autres ne parlant guère que de la méthode Neubauer, complètement insuffisante depuis longtemps déjà et que le laboratoire a dû, du reste, abandonner, comme je l'écrivais dans le *XIX*[e] *siècle*.

Déjà, en 1880, il fut question de poursuivre la vente de vins mélangés avec des vins de raisins secs. Une circulaire, en date du 4 septembre, fut même adressée aux procureurs généraux. Elle provoqua aussitôt, de la part des négociants français, des réclamations générales.

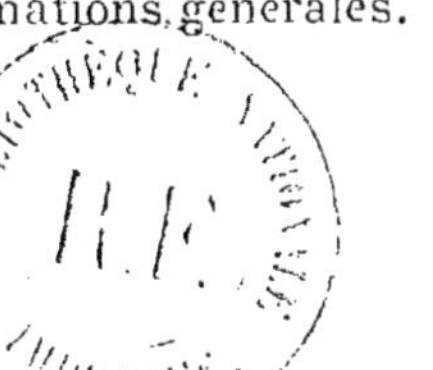

Le gouvernement fut frappé des motifs qu'ils alléguèrent et qui ont à peine besoin de démonstration. Il fit ce qu'on aurait dû faire également en 1889 : il consulta une commission scientifique.

Cette commission, composée de MM. Brouardel, Debrisay et Chatin, fut chargée d'examiner la question de savoir si la fabrication et la vente de mélanges de vins de raisins secs et de vins de raisins frais pouvaient être permis

La conclusion de ces savants fut celle-ci : « Nous émettons l'avis de laisser libre la fabrication et la vente des mélanges de vins de raisins secs et de vins de vendange par ces considérations : difficultés grandes ou *impossibilité* même de déterminer la proportion des mélanges, et surtout innocuité des produits. »

Cette déclaration fut approuvée et signée par l'éminent chimiste Wurtz.

En présence d'une condamnation si nette, prononcée par les notabilités scientifiques les plus éminentes, l'idée de proscrire les mélanges de vin et de vendange et de vin de raisin sec fut abandonnée ; pendant neuf ans, il n'en fut plus question.

Il appartenait à M. Griffe de réveiller ce vieux projet qui dormait si bien, quoique ce ne fût pas du sommeil du juste, selon la pittoresque expression du journal *Paris*. Nous avons vu, d'autre part, que M. Girard, dès l'origine du laboratoire avait conclu à la falsification dans ses rapports aux tribunaux, quoique dans l'état d'alors de la législature, un pareil mélange ne pût être considéré comme une falsification.

M. Griffe avait eu d'autant moins de mal à réveiller le vieux projet de loi que M. le directeur du laboratoire l'avait de tout temps empêché de dormir.

Et pendant cette période, tous les savants à qui on demandait : « Connaissez-vous le moyen de reconnaître le vin de raisins secs quand il est mêlé au vin de raisin frais, répondaient avec la plus parfaite concordance : « Non, nous ne le connaissons pas ! »

En veut-on quelques exemples?

En 1884, M. le professeur ARMAND GAUTHIER, dans son remarquable ouvrage sur la *Sophistication des vins* (p. 122 à 124) montrait combien il est difficile de caractériser cette adultération.

Or, à ce moment, les vins de raisins secs étaient encore souvent mal préparés et contenaient des principes lévogyres révélateurs que l'on ne retrouve plus dans les vins de raisins secs tels qu'on les prépare aujourd'hui, et la méthode Neubauer pouvait donner parfois, non des certitudes, mais des indications sérieuses.

Mais déjà même à cette époque, M. Armand Gauthier disait :

« C'est ainsi que le Joannisberg et autres vins blancs estimés du Rhin donnent, lorsqu'ils sont traités par le procédé de Neubauer, une légère déviation gauche. »

Et ce savant maître continuait ainsi :

« Il faut ajouter enfin que les piquettes de raisins secs de certaines origines ne contiennent pas de substances agissant sensiblement sur le plan de la lumière polarisée. Il en est de même de celles qui ont subi une fermentation complète, dans des conditions très favorables qu'il n'est pas nécessaire de faire connaître. »

En résumé, des observations de M. Gauthier, il ressort :

1° Que des vins naturels peuvent donner par la méthode polarimétrique de Neubauer, la réaction des vins de raisins secs ;

2° Que des vins de raisins secs peuvent se comporter comme des vins de vendange.

Déjà aussi, en 1884, M. PORTES m'avait montré dans son laboratoire de l'hôpital de Lourcine que ma réaction des gommes des vins de raisins secs, au moyen de l'alcool et du perchlorure de fer, n'avait de valeur que dans quelques cas particuliers lorsque les piquettes étaient grossièrement préparées (comme celles que je venais de retrouver dans deux coupages soumis à mon expertise) mais ne permettait pas de reconnaître les vins de raisins secs tels qu'on les livrait généralement au commerce même à cette époque.

Au reste, MM. Portes et Ruyssen ont écrit depuis dans leur remarquable *Traité de la Vigne* :

« Il n'existe pas de méthode absolue permettant d'affirmer l'addition de vins de raisins secs au vin ordinaire, quand la fermentation du raisin sec a été poussée jusqu'au bout et quand la proportion d'eau ajoutée correspond à celle que les raisins secs ont perdu pendant la dessication ; le procédé *Reboul*, basé sur le dosage et les caractères de la gomme, celui de *Girard*, s'appuyant sur le pouvoir rotatoire, *ne leur sont pas applicables.* »

M. Robinet d'Epernay, dans son *Manuel pratique d'analyse des Vins*, considère la caractérisation des vins de raisins secs comme tellement problématique qu'il n'en parle même pas, et comme je le disais au commencement de ce chapitre, la plupart des auteurs qui ont étudié cette question observent un silence tout aussi prudent.

Notre excellent ami Barillot dans son tout récent *Manuel de l'analyse et des vins* (1), après avoir décrit le procédé de Neubauer dit :

« Il arrive très fréquemment qu'après l'application consciencieuse des méthodes précédentes, il soit *impossible* d'affirmer la présence de piquettes de raisins secs dans les vins de coupage..... Les procédés récemment proposés pour la recherche des vins de raisins secs, *ne pouvant qu'induire en erreur*, nous ne les décrirons pas ».

(Inutile d'indiquer plus nettement quels sont ces procédés « récemment indiqués ».)

Mon cher et savant maître Huguet, professeur à l'école de médecine de Clermont, dans son excellent *Traité de pharmacie* (2) s'exprime ainsi au sujet des vins de raisins secs (p. 742).

« Le mélange de vins de raisins secs est des plus difficiles à caractériser :

(1) Paris. Gauthier-Villars, éditeur, sept. 1889.
(2) Octave Doin, éditeur (1888).

le vin de raisins secs bien préparé, ayant à peu de choses près une composition identique à celle des vins blancs ; on a indiqué une densité un peu plus forte (1002 à 1004) correspondant à une teneur un peu plus considérable en extrait sec et une déviation constante à gauche du plan de déviation de la lumière polarisée. Mais cette dernière application a *perdu toute valeur* depuis l'apparition sur le marché, de vins de cépages américains, qui dévient également à gauche. »

Si l'on consulte enfin les expérimentateurs les plus érudits et les plus rompus à la pratique de ces expertises, si l'on demande leur avis à nos plus habiles experts près les tribunaux, à nos laboratoires officiels les plus justement renommés par la pratique journalière de pareilles analyses, tant le conseil des arts et manufactures que le Conseil d'hygiène et de salubrité, tant le laboratoire du ministère du commerce que le laboratoire des douanes, des contributions indirectes, du Conservatoire des Arts et Métiers ou des stations agronomiques, même de la majorité des laboratoires municipaux de province ; la réponse est partout la même :

« UNE PAREILLE DÉTERMINATION EST PRATIQUEMENT IMPOSSIBLE EN L'ÉTAT ACTUEL DE LA SCIENCE. »

Et cette manière de voir a reçu récemment la confirmation la plus éclatante au cours du *Congrès international de chimie*, dans sa séance du mercredi 31 juillet 1889.

Nous n'ignorons pas, il est vrai, que le congrès de chimie a été accusé, quelque part, d'avoir été le *Congrès des marchands de vin* par un ami de M. Girard.

Il nous suffira, croyons-nous, pour répondre à cette imprudente et sotte attaque et la réduire à néant, de citer les noms des membres du comité de ce congrès et des savants qui en ont dirigé les séances.

Ces noms, les voici :

MM. BERTHELOT, ancien ministre de l'Instruction publique, membre de l'Institut, *president*.

FRIEDEL, membre de l'Institut, *vice-président*.

FAUCONNIER, agrégé de la Faculté de médecine de Paris, *secrétaire*.

MM. Baubigny, répétiteur à l'École polytechnique.
Carnot, inspecteur des études à l'Ecole des Mines.
Dehérain, membre de l'Institut.
Armand Gauthier, professeur à l'Ecole de Médecine.
Charles Girard, *directeur du Laboratoire municipal.*
Grimaux, professeur à l'Ecole polytechnique.
Hanriot, professeur agrégé à l'Ecole de médecine.
Joulie, pharmacien en chef de la maison de santé.
Jungfleisch, professeur à l'Ecole de pharmacie.
Lindet, répétiteur à l'Institut agronomique.
Maquenne, aide-naturaliste au Muséum.
Millot, professeur à l'école de physique et chimie industrielles.
Muntz, professeur à l'Institut agronomique,
Scheurer-Kestner, sénateur.
Schutzenberger, membre de l'Institut.
Suillot, président de la Chambre syndicale des Produits chimiques.

La première section (Matières alimentaires) nomma par acclamation comme président, M. Riche, avec un enthousiasme qui montrait assez la haute estime qu'avaient pour l'homme et pour le savant tous ses membres, et à son bureau vinrent prendre place M. Gunning, de l'Académie des sciences d'Amsterdam; M. Pagnul, directeur et professeur à la section agronomique d'Arras; M. Fauconnier, secrétaire du Congrès, et M. Bischop, chimiste au laboratoire du ministère du commerce.

Après une longue discussion à laquelle ne crut pas devoir assister M. le Directeur du laboratoire municipal (il n'a du reste pas paru au Congrès, quoique membre du comité), mais à laquelle était présent un chimiste principal du laboratoire, la section émit à l'*unanimité* (y compris la voix dudit chimiste principal) la déclaration de principe suivante :

« DANS L'ETAT ACTUEL DE LA SCIENCE,

1° IL N'EXISTE PAS DE PROCÉDÉ PERMETTANT DE RECONNAITRE AVEC CERTITUDE LA PRÉSENCE DU VIN DE RAISINS SECS DANS LE VIN NATUREL.

2° (Sur la proposition de M. Pagnul, vice-président). IL EST IMPOSSIBLE AVEC LES DONNÉES ANALYTIQUES ORDINAIRES (Alcool, extrait sec, matières minérales, sucre, plâtrage, acidité, matières colorantes) ET, A MOINS DE RECHERCHES SPÉCIALEMENT DIRIGÉES EN VUE DE DÉCOUVRIR TEL OU TEL PRINCIPE TOXIQUE SOUPÇONNÉ A L'AVANCE, DE DÉCLARER SI UN VIN EST BON OU MAUVAIS. »

Le soir même, sur la proposition de la section à la séance générale, le Congrès votait à son tour les mêmes déclarations.

Remarquons en passant que trois chimistes principaux, MM. Pabst, Brévans et Padé, et plusieurs chimistes du laboratoire assistaient à la séance générale et que pas une voix protestatrice ne s'éleva contre cette décision. Plusieurs même de ces fonctionnaires l'appuyèrent de leurs voix. Quant à M. Girard, il n'osa pas venir défendre son fameux procédé.

Pourquoi cette prudence qui est pourtant si peu dans ses habitudes ?

C'est qu'il était bien difficile au directeur du laboratoire municipal de venir préconiser son procédé qui... n'étant plus secret, n'était plus infaillible, et qu'il avait été obligé lui-même de reconnaître mauvais.

Quelque temps auparavant, M. Bauchard, juge d'instruction, devant les dénégations d'un marchand accusé par le laboratoire, devant l'aveu d'impuissance à reconnaître l'addition de vin de raisins secs que faisaient loyalement mais nettement les experts chimistes près le tribunal, devant le refus constant de M. Girard de divulguer son fameux procédé infaillible et... encore secret, M. Beauchard commit trois des plus habiles experts à fin de se rendre au laboratoire municipal, munis de vins de raisins secs authentiques et de vins de vendange nature, avec ordre à M. Girard, prévenu de la nature de chaque échantillon, de procéder ou faire procéder par un de ses chimistes en présence des trois experts délégués par le parquet, à l'application sur ces vins types du fameux procédé secret.

Les experts chimistes, MM. Riche, docteur Magnier de la Source et Lhote, choisirent un certain nombre d'échantillons de vins de raisins secs authentiques et reconnus comme tels par M. Girard et d'échantillons de vin de vendange absolument purs.

M. Ferrières, chimiste principal, chef de salle des Vins, appliqua à chacun d'eux le procédé secret du laboratoire, toujours surveillé par les trois experts.

La moitié des vins de raisins secs ne donnèrent pas la réaction *infaillible* et *caractéristique*.

En revanche, et pour faire compensation, un certain nombre d'échantillons de vin nature donnèrent la réaction révélatrice des vins de raisins secs.

Il n'y avait pas à discuter.

De là, ce rapport des trois savants commis à la vérification de la méthode Girard :

1° CE PROCÉDÉ NE PERMET PAS DE CARACTÉRISER LE VIN DE RAISINS SECS PUR NI DE RECONNAITRE SON MÉLANGE AVEC DU RAISIN FRAIS

2° CERTAINS VINS DE VENDANGE EN PARFAITE NATURE, TRAITÉS PAR CE PROCÉDÉ, DONNENT LA RÉACTION PRÉTENDUE CARACTÉRISTIQUE DES VINS DE RAISINS SECS.

Quelque temps après, le 21 juin, à la barre des témoins de la cour d'assises, M. Magnier de la Source et Lhote venaient affirmer leur conviction à cet égard et M. Portes venait joindre son témoignage à l'affirmation de ses confrères

Donc, il reste ceci bien et dûment prouvé, que de l'avis unanime de tous les chimistes français et étrangers, il n'existe pas actuellement de procédé certain permettant d'affirmer la présence du vin de raisins secs dans un coupage et d'autre part, M. Girard n'ignore pas que les diverses méthodes mises successivement en œuvre au laboratoire étaient absolument insuffisantes et complètement inefficaces.

Pourtant, chose bizarre, le laboratoire continue comme par le passé à conclure au raisin sec. M. Girard et son intime ami, M. Pabst, répètent à l'envi que « *Rien n'est plus facile à reconnaître que le vin de raisins secs dans un coupage.* »

Et ils citent à l'appui de leur thèse qu'au laboratoire, sur 100 vins où le dégustateur croit trouver la réaction de la piquette, le chimiste trouve la réaction caractéristique 99 fois (pourquoi pas 100? par coquetterie de métier, sans doute).

Les livres du laboratoire municipal en font foi.

Et pour bien montrer qu'au laboratoire tout est pour le mieux..... dans le meilleur des laboratoires possibles, M. Girard écrit au préfet de police (Documents du laboratoire, dernière édition, p. 16 et 17).

« Par l'emploi des procédés les plus rigoureux et les plus sûrs de l'analyse chimique, le Laboratoire constate *matériellement* la présence de la substance falsificatrice et *isole*, pour ainsi dire, *le corps du délit;* ce que ne pouvaient évidemment faire les anciens moyens de recherche, la dégustation, par exemple.

Ce n'est pas, Monsieur le Préfet, que nous ayons jamais méconnu la valeur diagnostique de cette dégustation et l'utile concours qu'elle peut prêter, nous n'avons pas un instant cessé d'y avoir recours. Dès la suppression de l'ancien service de la dégustation, quelques-uns des plus expérimentés de ses employés ont été rattachés au Laboratoire, et nul échantillon de vin n'est remis au chimiste chargé de l'analyser sans avoir été préalablement expertisé par un dégustateur. »

LE CHIMISTE, BIEN ENTENDU, N'EST PAS INFORMÉ DU RÉSULTAT DE CETTE EXPERTISE PRÉPARATOIRE. MAIS, PLUS TARD, CE RÉSULTAT ET CELUI DE L'ANALYSE CHIMIQUE SONT RAPPROCHÉS ET SE CONTROLENT L'UN PAR L'AUTRE. »

Eh bien, voilà qui est BIEN ENTENDU.

Reste à savoir si M. Girard a bien dit la vérité à M. le préfet de police.

Voyons d'abord ce que vaut l'*utile* concours de la dégustation dans le cas qui nous occupe.

IV

DE LA RECHERCHE DU VIN DE RAISINS SECS PAR LA DÉGUSTATION

Rapport de la Chambre syndicale des vins en gros

Il nous a été facile de démontrer, *documents et preuves en mains*, que M. Girard ne saurait déceler et affirmer la présence de vin de raisins secs dans un vin, au moyen des réactifs chimiques, et cela en nous basant sur les affirmations concluantes des chimistes les plus experts, ceux qui prennent la peine de faire eux-mêmes leurs analyses et peuvent ainsi se rendre compte des difficultés pratiques auxquelles donnent lieu certains problèmes scientifiques.

M. Girard se retranche derrière la *dégustation*.

(On sait, en effet, qu'il se développe souvent dans le vin de raisins secs, un goût caractéristique de *pruneaux*.)

Or, il serait banal de répéter encore aujourd'hui les nombreuses erreurs commises par les dégustateurs du Laboratoire, ces dégustateurs *invraisemblables*, comme les appelait encore récemment, à la tribune du Conseil municipal, l'honorable M. Benon.

Cela a été dit sur tous les tons, et par les négociants et par les chimistes, et ces erreurs ne datent pas de nos jours.

J'ai dû pour ma part en signaler de nombreux exemples dans la brochure que j'ai publiée en 1884 sur le Laboratoire municipal et je suis loin d'être le seul à avoir fait pareilles remarques et signalé de tels faits. Tenons-nous en à quelques exemples récents.

Quand le *XIX*e *siècle* fit l'expérience désormais fameuse du vin à l'acide sulfurique, il envoya en même temps au Laboratoire un vin mouillé, mais additionné d'acide tartrique, qui fut déclaré *bon* par M. Girard (ce qui tend à prouver qu'il suffit, dans certains cas de commettre une double fraude pour que le Laboratoire n'en puisse reconnaître aucune), et un autre échantillon contenant 20 0/0 de vin de raisins secs.

Ce fut M. Vacher, commissaire expert dégustateur au Laboratoire municipal, qui dégusta le vin et... *il ne trouva pas trace de vin de raisins secs*. Ce qui n'a pas empêché ledit commissaire expert dégustateur de venir affirmer *sous serment*, à la barre de la cour d'assises, que l'addition de vin de raisins secs au vin était facile à retrouver à la dégustation.

Tout ce que nous constatons, c'est que le jour où on lui en a envoyé, il ne l'a pas reconnu et a même déclaré le vin *viné*, ce qui est juste le contraire pour M. Girard.

N'avons-nous pas le droit de conclure, par conséquent, que la dégustation ne paraît pas pouvoir fournir à M. le directeur du Laboratoire de meilleurs éléments d'appréciation que l'analyse chimique, dans cette question.

Veut-on l'opinion d'un des membres de la commission scientifique nommée par M. Lozé lors du procès du *XIX*e *siècle*, l'honorable M. Jacques, député de la Seine?

Voici ce qu'il écrivait le 9 septembre à M. le ministre du commerce?

Monsieur le Ministre,

Je m'autorise de mon expérience commerciale et de ma compétence professionnelle, sans plaider cependant *pro domo sua*, car je ne suis pas marchand de vins, pour appeler toute votre attention sur les conséquences qu'entraînerait, si l'on n'y prend garde, l'application *littérale* de la *loi Griffe*.

A l'extérieur, déconsidération des vins de provenance française.

A l'intérieur, suspicion de toute une catégorie de producteurs et de commerçants et, brochant sur le tout, condamnation en police correctionnelle d'honnêtes débitants absolument incapables de se prémunir contre des *mélanges* que la dégustation ne peut *presque jamais* découvrir et que l'analyse chimique ne décèle qu'à grande peine.....

Ed. Jacques.
Président du Conseil général de la Seine,
Négociant distillateur.

La dégustation, nous dit M. Jacques, ne peut presque jamais découvrir le vin de raisins secs dans les mélanges. Nous avons cité l'exemple du vin envoyé au Laboratoire par le *XIXe siècle* en présence d'un certain nombre de représentants de la presse.

Plus récemment encore, la Chambre syndicale des négociants en gros tentait l'expérience à son tour en prenant la précaution d'envoyer le même vin au Laboratoire sous deux échantillons différents.

Le premier vin contenait un quart de raisins secs et trois quarts de vin de vendange. Les deux bouteilles entrèrent sous les nos 52 et 77 au Laboratoire. (On voit que nous précisons.)

La dégustation déclara le no 52 entaché d'*un mauvais goût* (croupi). Le même vin, entré sous le no 77, fut déclaré, lui, *droit de goût*.

C'était assez concordant, comme on le voit.

Le deuxième vin contenait 1/5 de raisins secs et 4/5 de vin de vendange. Le Laboratoire retrouva le vin de raisin sec dans la première bouteille et déclara que la deuxième n'en contenait pas.

De plus en plus concordant.

Le troisième échantillon contenait 1/6 de raisins secs (No 86) : « Pas de raisins secs, » répondit le Laboratoire.

Enfin, comme quatrième échantillon, la Chambre syndicale envoya le vin de vendange, *pur*, cette fois. Le Laboratoire déclara (n° 80) : que c'était un *coupage* et un coupage *grossier* et *commun*.

Notons en passant que ce même vin, le dégustateur l'avait déclaré *droit de goût*, lorsque : « il était additionné d'un quart de raisins secs ».

« En résumé, dit le rapport de la Chambre syndicale, l'analyse chimique n'a signalé la présence du vin de raisins secs dans aucun des échantillons soumis au Laboratoire municipal et aux chimistes. Un seul sur *six*, à la dégustation, en signale la présence : il y en avait 20 0/0. »

Et le rapport ajoute :

« Le 11 mars dernier, cinq nouveaux échantillons ont été préparés, quatre contenant moitié ou un tiers de vin de raisins secs et un cinquième n'en renfermant pas.

Les proportions de vin de raisins secs ajoutées aux vins de vendange ont été exagérées afin que l'examen en fût plus facile et les résultats plus concluants.

Le premier qui contenait moitié de vins de raisins secs et moitié vin de vendange, a été remis à M. Magnier de la Source en lui faisant la question suivante :

« Y a-t-il dans ce vin du vin de raisins secs? »

Et M. Magnier de la Source, après avoir donné l'analyse chimique, conclut ainsi :

« Je ne puis dire si le vin n° 214 renferme de la piquette de raisins secs, » car il n'existe à ma connaissance aucun procédé permettant de caractériser ce produit. »

Le second échantillon a été soumis à M. Portes, toujours avec la question :

« Y a-t-il dans ce vin du vin de raisins secs? »

Ce second échantillon en renfermait 1/3.

Et M. Portes, après l'analyse, conclut :

« Vin plâtré à plus de trois grammes, paraissant provenir de vin » alcoolisé et de vins plus faibles, ne renferme rien de nuisible.

» L'analyse chimique ci-dessus ne permet pas d'affirmer la présence du » vin de raisins secs, aussi, en l'absence d'un procédé authentique, ne » pouvons-nous répondre à cette question. »

Le troisième échantillon renfermant 1/3 de vin de raisins secs, a été soumis au Laboratoire municipal, en lui faisant la demande :

« Ce vin renferme-t-il de la piquette de raisins secs ? »

Voici sa réponse par son bulletin d'analyse quantitative :

« Sucre réducteur : 3.39.

» Ce vin n'a pas donné la réaction des piquettes.

» *Dégustation* : Saveur des coupages composés de vins étrangers forts en » alcool et vinés. »

Le quatrième échantillon contenant moitié de vin de raisins secs a été également déposé au Laboratoire municipal avec la même question.

Dans son bulletin d'analyse quantitative, le Laboratoire municipal ne répond pas chimiquement à la question, comme il l'avait fait dans son bulletin précédent, il se contente de dire :

« Dosage du sucre : 3.12. »

Il reste muet sur le résultat de la réaction des piquettes. Il est vrai que la dégustation dit :

« Droit de goût, le fruit persiste assez au palais, il n'a pas la saveur des » vins d'Espagne, il est assez agréable. Il contient de la piquette neutre. »

Le cinquième échantillon ne renfermant pas du vin de raisins secs a été aussi remis au Laboratoire municipal.

Et la réponse à la même demande posée a été la suivante :

« Dosage : 1.81.

» Ce vin ne donne pas la réaction des piquettes. »

Il résulte donc de ces différentes analyses que les chimistes sont impuissants à découvrir la présence des vins de raisins secs mélangés aux vins de vendange, même dans des proportions considérables et, nous l'avons dit, des chimistes très compétents, tels que MM. Portes et Magnier de la Source, n'hésitent pas à déclarer qu'il n'y a jusqu'à présent aucune méthode officielle connue pour en découvrir la présence. »

Autre remarque importante : Le chimiste qui analyse le vin pur entré sous le numéro 80, y trouvera 2 gr. 73 de sulfate de potasse, 4 gr. 53 de tartre et seulement 4 gr. 20 de cendres. Or, il est évident, pour tout chimiste sachant son métier, que d'après le poids du sulfate et du tartre trouvés, il devrait y avoir, comme *minimum de cendres possible*, 4 gr. 39. L'analyse était donc manifestement fausse et l'erreur flagrante. M. Girard ne l'en a pas moins acceptée et signée.

D'où ces conclusions absolument irréfutables :

1° *Les analyses ne se font pas en double au Laboratoire*, car la même erreur grossière ne pourrait se produire simultanément dans l'analyse du même produit, faite par deux chimistes opérant isolément.

2° *Le chimiste principal, chef de salle; le sous-chef et le directeur, qui sont censés vérifier les résultats obtenus par les chimistes sous leurs ordres, sont.. des chimistes peu au courant de leur métier, ou des contrôleurs négligents.* D'aucuns disent les deux.

3° *Les analyses du Laboratoire, même les analyses payantes* (comme c'est ici le cas), *s'y font avec un soin peu scrupuleux.*

4° *Enfin, ni l'analyse, ni la dégustation, ne permettent à M. Girard et à ses aides,* quoi qu'il en puisse dire, *de retrouver le vin de raisins secs ajouté au vin de vendange.*

Les conclusions sont-elles assez logiques, assez naturelles ?

Je sais bien qu'on a toujours accusé ceux qui ne partageaient pas les idées et les doctrines de M. le directeur du Laboratoire municipal d'être des détracteurs de parti pris, quand on ne leur reprochait pas de faire le jeu des falsificateurs; et que le public trompé par la réclame savamment faite autour de son nom par le directeur du Laboratoire, et qui se croit journellement empoisonné parce que, dans ses *documents*, M. Girard a accumulé toutes les falsifications possibles et... même impossibles (les exemples ne manquent pas), s'est habitué à voir en lui le *sauveur* de la santé publique et que, pour le public, critiquer le fonctionnaire et l'administration, c'est toucher à l'arche sainte; mais pourtant l'évidence s'impose.

Voilà quelques erreurs probantes et que M. Girard ne saurait contester !

Et l'on pourrait en citer de pareilles, dûment constatées (cela a été fait du reste), non par douzaines, mais par centaines, mais par milliers (nous n'exagérons malheureusement pas) et ces erreurs engagent d'autant plus la responsabilité de la direction qu'elle ne pouvait ni ne devait les ignorer, et qu'elles avaient pour conséquence la ruine matérielle et morale de notre commerce et de nos commerçants sans que, pour cela, le consommateur puisse sè vanter d'y avoir gagné quelque chose, quoi qu'en ait pu dire M. Girard, et il nous sera facile de le prouver.

Au reste, on ne saurait nous reprocher personnellement

d'attaquer le laboratoire de parti pris, car si nous avons souvent critiqué la direction et le fonctionnement de ce laboratoire, nous avons toujours défendu l'institution que nous regardons, et croyons-nous, à bon droit, comme étant utile, même nécessaire ; nous l'avons toujours défendue dans ce qu'elle avait de bon et dans ce qu'elle avait de juste, tout récemment encore au cours d'une des séances de section du congrès international de chimie.

Nous avons eu, ces jours derniers, l'occasion d'en donner une nouvelle preuve plus convaincante encore. Mais comme elle n'a rien à faire avec la question qui nous occupe, nous n'en parlons donc pas.

Malheureusement le Laboratoire a dévié de la voie qui lui avait été tracée. La direction a transformé ce Laboratoire de renseignements et de recherches en une arme de vexations et d'inquisition, tranchant en académie avec une désinvolture sans pareille et sans aucune de ces recherches expérimentales dont la situation de M. Girard lui faisait d'autant plus un devoir qu'elle lui en donnait les moyens.

On comprend maintenant les polémiques auxquelles le Laboratoire a été mêlé, et nos lecteurs comprendront aussi comment ont pu se produire tant de fautes et tant d'erreurs quand nous leur dirons comment et dans quelles conditions se font au Laboratoire les analyses de produits alimentaires et en particulier la recherche des vins de raisins secs, et quand nous apporterons, comme preuves à l'appui, des documents écrits émanant de chimistes même du Laboratoire municipal.

V

DIGRESSION NÉCESSAIRE

M. GIRARD ET SON PERSONNEL

Nous sommes obligé, maintenant, d'aborder non sans regret et non sans tristesse, la partie de notre tâche la plus ardue, sinon la plus difficile. Ancien chimiste du Laboratoire, pénétré de l'utilité de l'institution (une des plus belles créations certainement du Conseil municipal), nous avons pu voir pendant notre séjour au Laboratoire, combien il eut pu être utile et quels immenses services il eut pu rendre; nous avons vu, aussi, hélas! les funestes effets que sa situation à la Préfecture de police et sa maladroite direction ont causés.

M. Girard, cela est triste à dire, compte à peu près autant d'ennemis qu'il a eu de chimistes ou d'inspecteurs sous ses ordres. Voilà dix ans que ce Laboratoire existe. Combien de fois son personnel a-t-il été renouvelé? Nombreux sont ceux qui ont engagé contre lui de vives, mais justes attaques; pas un seul n'a osé prendre la plume pour le défendre; pas un seul n'a osé élever la voix pour l'approuver et protester contre les accusations de toutes sortes portées contre son ancien chef.

Ces faits sont malheureusement trop faciles à comprendre. Jusqu'à ces dernières années, les chimistes du Laboratoire se sont recrutés parmi de jeunes chimistes fraîchement sortis de nos écoles : pharmaciens, ingénieurs de l'École centrale ou des Arts et Métiers, élèves du Muséum d'histoire naturelle ou des laboratoires spéciaux existant à Paris. Tous ces chimistes sortaient de laboratoires où la probité scientifique est la première loi, où l'affection et le dévouement pour les savants qui les dirigent sont la règle sans exception. Ils ont quitté le Laboratoire municipal écœurés des exigences rien moins qu'honnêtes de la direction, révoltés de la vilaine besogne qu'on voulait les obliger à faire, même malgré leur conscience.

On l'a bien vu, récemment encore, devant la cour d'assises. Que d'exemples typiques n'aurait-on pas à signaler?

Lors du procès du *XIXe Siècle*, n'a-t-on pas vu l'un d'eux venir affirmer sous la foi du serment (et M. Girard n'a pas osé le démentir), qu'ayant la preuve qu'un des appareils du laboratoire était défectueux et donnait des résultats tels *qu'au gré du hasard* le même produit pouvait être déclaré tantôt loyal et marchand, tantôt « *à poursuivre* » d'après les théories du Laboratoire, s'était empressé d'aller trouver son chef et de lui signaler le danger.

Peut-être croyez-vous que M. Girard s'est hâté de modifier son procédé ou de changer son appareil ? Vous ne connaissez pas M. Girard. Il répondit simplement au chimiste : « Qu'est-ce que cela peut bien vous faire? *Cela n'a pas d'importance.* »

L'honneur et la fortune d'un commerçant, non, cela n'a pas d'importance pour M. Girard.

On n'a pas oublié la déposition devant la cour d'assises de l'honorable M. Foussier, conseiller municipal.

« Pour M. Girard, disait-il, tout commerçant est doublé d'un voleur, et le directeur du laboratoire ne se faisait pas faute de nous développer cette théorie. »

M. Girard oubliait certainement qu'il est venu au monde dans une maison de commerce et qu'à Lyon et à Ris-Orangis, il a été commerçant lui-même.

De tout temps, les chimistes ont eu à se plaindre de la direction.

Déjà, en 1882, le personnel du laboratoire, ce personnel que M. le Préfet de police se plaisait à reconnaître *instruit et dévoué*, s'était plaint du nombre insensé des prélèvements faits *sur l'ordre* de M. Girard et de l'impossibilité de mener à bien un pareil nombre d'analyses.

C'était tellement évident, que le Préfet de police, dans son rapport au Conseil municipal (décembre 1882), se voyait obligé d'écrire cette phrase qui, à elle seule, est la condamnation de M. Girard :

« *Le personnel a été positivement surmené. On a produit le maximum de travail pour éviter l'encombrement. Cette situation ne saurait durer plus longtemps sans por-*

ter atteinte à la santé du personnel et préjudice à la qualité du travail produit. »

Là encore que croyez-vous qu'ait fait M. Girard ? Qu'il diminua le nombre des prélèvements et donna à ses chimistes le temps de faire consciencieusement leurs analyses ?

Ce serait de moins en moins connaître M. Girard. Il fit mieux. Il fit afficher au laboratoire une pancarte revêtue de sa signature et du cachet du laboratoire, pancarte qui apprenait aux chimistes que : « *Par ordre du Préfet de police, tout échantillon dont l'analyse serait livrée en dehors des délais fixés, entraînerait contre le retardataire la privation d'un jour de traitement, cela par jour de retard et par échantillon non* RENDU. »

Quelque temps après, un chimiste ayant sur sa table en cours d'analyse 84 vins (quatre-vingt-quatre) et accusé (sans preuves, mais cela ne fait rien : il avait protesté) d'une erreur, était révoqué.

Voilà comment on est arrivé au laboratoire... à ne pas faire les analyses ou tout au moins à les... sabrer.

Quant à ceux qui protestèrent ce ne fut pas long. Ils durent partir. Quelques-uns apportèrent leurs plaintes au Conseil municipal : elles ne trouvèrent point d'écho.

Au cours de la campagne du *XIXe Siècle*, les chimistes du laboratoire protestèrent encore, par une lettre signée de tous, contre un pareil état de choses qui ne s'était pas amendé. On se souvient du résultat que produisit cette lettre. Un chimiste principal fut révoqué, les autres durent subir une peine disciplinaire.

Depuis le procès, on compte déjà cinq démissionnaires.

Les inspecteurs du laboratoire partagent également cette manière de voir.

On l'a pu voir encore, au cours des débats devant la cour d'assises. L'un d'eux n'a-t-il pas apporté la preuve que les scellés, qui sont la sauvegarde du négociant honnête, étaient, au mépris de la loi et de la plus vulgaire probité, défaits et refaits sans vergogne au laboratoire?

N'a-t-on pas vu également que, quand la contre-expertise des experts près le tribunal pouvait être dangereuse pour le laboratoire, le *Rat vastator* s'empressait de les faire disparaître, enlevant à l'accusé le seul moyen de prouver son innocence et de prouver aussi... les errements de M. Girard ?

N'a-t-on pas vu aussi un autre inspecteur, ancien professeur d'une école de pharmacie militaire, chevalier de la Légion d'honneur, dont la haute valeur morale et scientifique est connue de tous, affirmer qu'il avait dû montrer à M. Girard que les prélèvements de lait en temps de gelée, tels que les faisait le laboratoire, pouvaient faire condamner des innocents !

Comme toujours, M. Girard, qui se soucie de l'honneur des *petits laitiers* comme de celui des marchands de vin, ne voulut rien entendre. Son inspecteur ne voulant pas se prêter à un rôle malhonnête, donna sa démission.

Que d'exemples semblables ! Que de preuves de même nature ainsi dévoilées ?

Et cela, EN VAIN.

Les commis aux écritures mêmes du laboratoire, gens administratifs et stables s'il en est, détachés des bureaux de la Préfecture de police, ne font généralement pas un long séjour au laboratoire et demandent à être envoyés dans d'autres services.

Il ne faut donc pas accuser le caractère indépendant et indiscipliné des fonctionnaires du laboratoire, mais un vice même de la direction qui le régit.

Pour notre part, nous sommes convaincus que, au point de vue disciplinaire, le laboratoire donne plus de mal au Préfet de police que tous les services de son administration, et fournit au Conseil municipal la source de plus de plaintes et d'interpellations, et cela par la faute des trois hommes qui dirigent le laboratoire.

Pourtant, chose bizarre, ce sont toujours les petits et les humbles qui pâtissent.

Un chimiste qui se plaint est un fonctionnaire rebelle, facilement sacrifié.

Ose-t-il prendre la plume? on lui jette la pierre et on l'accuse de dévoiler les secrets de l'administration, de toucher à l'arche sainte.

« Et pourtant, comme je l'écrivais, naguère, au directeur de la *République française*, journal qui m'avait pris à parti au lendemain de mon discours au Cirque d'hiver, où j'avais cru devoir apporter le concours d'une série de faits indiscutables à l'argumentation si nette de M. Millerand. les experts chimistes du laboratoire municipal ne sont pas des *employés* au sens propre du mot, mais des fonctionnaires nommés après concours.

Le laboratoire municipal, d'autre part, n'est pas une maison de commerce dont un employé ne saurait *honnêtement* dévoiler les secrets de fabrication.

C'est un établissement public, soumis à la surveillance et au contrôle des pouvoirs publics, et dont on peut, sans cesser d'être honnête, dévoiler et étaler au grand jour les errements, parce que ces errements ont pour conséquences la ruine et le déshonneur de commerçants honnêtes; plus encore, la déconsidération d'une des sources vitales de notre pays (et il ne s'agit pas ici des marchands de vins en particulier, mais de tout le commerce en général) et une diminution de notre fortune nationale au profit de l'étranger.

A ce titre, c'est non seulement un droit, mais je dirais volontiers un devoir, de faire la lumière sur ce sujet.

C'est ainsi, du reste, que l'ont compris la presque totalité des chimistes qui ont passé par le laboratoire, et des savants qui ont eu l'occasion de l'approcher. »

Mais revenons à la loi Griffe et à la recherche des raisins secs.

VI

COMMENT ON OPÈRE AU LABORATOIRE MUNICIPAL

Documents édifiants

Nous avons vu le laboratoire municipal changer successivement de procédés pour la recherche des raisins secs. Nous avons vu également comment M. Girard, condamné par tout le monde savant, avait dû reconnaître l'inanité de ses méthodes lors de l'essai officiel pratiqué sur l'ordre du Parquet de la Seine, en présence de trois experts du tribunal. Nous avons vu aussi que M. Girard ne saurait se retrancher derrière la dégustation, et nous savons maintenant combien cette dernière est sujette à caution en pareille matière.

Comment expliquer donc ce fait que le procédé du laboratoire permet de reconnaître chimiquement le vin de raisins secs, 99 fois sur 100 où la dégustation prétend le découvrir?

J'en ai demandé l'explication à un chimiste du laboratoire municipal, qui m'a répondu par la lettre que voici : (Je cite textuellement.)

« Vous me demandez comment les conclusions de l'analyse chimique ont toujours concordé avec celles de la dégustation dans le cas d'addition de raisins secs, jusqu'en l'année 1889.

Les dégustateurs inscrivent sur un cahier le résultat de la dégustation et notent les vins soupçonnés contenir de la piquette. L'analyse chimique devra venir contrôler ce résultat et changer ce soupçon en certitude.

Le cahier des dégustateurs est remis au chimiste principal, chef de salle des vins, *qui relève sur un cahier à lui* les numéros des vins où la piquette est signalée. Muni de ces renseignements, il indique aux chimistes de sa salle quels sont les vins parmi ceux qu'ils ont en leur possession dans lesquels la piquette de raisins secs devra être recherchée, vins dont on devra lui remettre une certaine quantité, parce qu'il est seul chargé de ce genre de recherches, la méthode étant tenue secrète.

Les chimistes qui ont parmi leurs échantillons à examiner, un vin dans lequel la piquette est signalée et dont le chimiste principal vient de leur indiquer le numéro, lui remettent 200 centimètres cubes de vin (ordinairement le résidu de la distillation pour le dosage de l'alcool). Le chimiste principal réunit ainsi à sa place tous les vins désignés comme suspects. *Mais qu'on n'aille pas croire qu'il va en faire l'analyse!* Sous le prétexte que la méthode du Laboratoire ne donne pas de résultats certains, il ne fait pas l'analyse; il se contente d'inscrire sur son cahier, en face des numéros des vins suspects, la mention : *A donné la réaction des piquettes de vins de raisins secs.*

Comme le cahier dont nous parlons ne contient que le relevé des vins suspectés par la dégustation, on trouve cette mention : 99 sur 100.

Ce procédé *secret* a plusieurs avantages . il est expéditif et on constate que les résultats de l'analyse concordent toujours avec ceux de la dégustation (*on serait étonné vraiment qu'il en fût autrement*).

Si M. Girard et le chimiste principal niaient ces faits, nous pourrions leur citer les numéros des vins qui n'ont pas été remis à l'analyse, ce qui n'empêche pas qu'on ait obtenu avec eux (*moi, je dirais sans eux*) la réaction caractéristique de la piquette. Nous citerions même, s'il était besoin, le nom des chimistes qui ont, *avec intention*, oublié (?) de remettre au chimiste principal les vins soupçonnés de falsification, pour prouver à leurs voisins *encore novices* qu'il n'y a pas que des honnêtes gens au Laboratoire. Ces faits sont d'ailleurs trop connus pour que nous ayons à craindre le moindre démenti.

Vous ne sauriez donc vous étonner de trouver des chimistes trop profondément écœurés pour soutenir le directeur d'un laboratoire où l'on travaille si consciencieusement.

Veuillez agréer, etc. »

Au reçu de cette lettre, je pris soin de contrôler auprès d'un certain nombre de ses collègues les renseignements qui m'avaient été donnés et tous les chimistes interrogés m'ont répondu que c'était bien la vérité.

« Actuellement, le chef de salle des vins est bien tranquille, m'écrivit un chimiste du Laboratoire, on use d'un nouveau procédé.

Ce fameux procédé par double interversion que le Répertoire de pharmacie appelle un *comble*, et que M. Girard a dû reconnaître lui-même mauvais lors des expériences de MM. Riche, Lhote et Magnier de la Source, dont j'ai parlé précédemment. Chaque chimiste recherche lui-même la piquette dans les vins qui lui sont distribués. Or, il arrive maintenant qu'on n'est plus d'accord avec la dégustation. Seulement, si vous demandez à M. Girard pourquoi il en est ainsi, il vous répondra, *quoique sachant très bien la vérité*, que ses chimistes sont des maladroits et que seul son chimiste principal savait travailler.

M. Girard *sait* que son procédé ne vaut rien. Il a été obligé de le reconnaître lors des expériences dont j'ai parlé. Le Congrès international de chimie l'a affirmé à son tour avec sa haute compétence et son indiscutable autorité. Cela n'empêche pas M. Girard de conclure toujours à la falsification prétendue découverte par son procédé.

Ah! si M. Girard avait autant de science que d'audace!

M. Girard n'ignore pas que son chimiste principal ne faisait pas les analyses, nous dit notre correspondant.

Voici de ce fait une autre attestation, adressée par un ancien chimiste du laboratoire au journal la *Voix* qui venait de publier la lettre précédente.

« Monsieur le directeur du journal la *Voix*,

J'ai lu ce matin, dans votre journal, un article très intéressant sur le Laboratoire municipal.

L'auteur de l'article signale des faits absolument révoltants qui démontrent que les négociants et, en particulier, les marchands de vins n'ont pas tort, lorsqu'ils protestent avec énergie contre les analyses du Laboratoire municipal.

Vous savez mieux que personne, vous qui avez montré sous son vrai jour la science du chimiste municipal, vous savez combien étaient fondées les accusations si nettement formulées par le *XIXe Siècle*.

Telle est cependant la puissance de la Préfecture de police et de ses potentats, que M. Girard, moralement condamné, a gagné son procès; il le croyait cependant bien perdu, et pour cause. M. Girard, condamné récemment par le Congrès international de chimie, tenu sous la présidence de M. Berthelot, membre de l'Académie des sciences; M. Girard, condamné par tous les savants et par tous les praticiens, est encore à la tête de cette institution qu'il a entièrement déconsidérée.

Aussi, malgré la véracité des faits, tout comme les actes scandaleux dénoncés par votre courageux confrère, vos accusations formelles sont vouées à l'oubli.

Le Conseil municipal, qui a toujours soutenu jusqu'ici M. Girard, a vu pourtant qu'il y avait quelque chose de vicieux dans cette administration, puisqu'il a voté à l'unanimité la réorganisation du Laboratoire. Pourquoi le Conseil s'est-il déjugé en ne votant pas à l'unanimité le remplacement de M. Girard? C'est ce qu'il ne nous est pas permis de rechercher aujourd'hui, mais nous espérons que lors de la discussion du budget, la majorité n'hésitera pas à faire son devoir comme l'ont fait déjà les chimistes, en chassant moralement M. Ch. Girard du Congrès.

Ce n'est pas sans un certain sentiment de tristesse que nous sommes obligés de reconnaître l'entière vérité des faits véritablement scandaleux que vous dénoncez. Oui, nous n'avons jamais vu faire au Laboratoire municipal, jusqu'en 1889, la recherche de la piquette de raisins secs dans les vins, et cependant les rapports portent tous que ces vins ont donné à l'analyse la réaction de la piquette.

Le public, qui s'est habitué à voir dans tous les commerçants des falsificateurs, des empoisonneurs, grâce à M. Ch. Girard, toujours prêt à faire augmenter son budget en exagérant malhonnêtement son utilité, le public approuverait-il par hasard cette manière d'opérer, applaudirait-il à des condamnations prononcées sur la foi d'analyses qui sont autant de faux? Nous le faisons juge, mais nous savons déjà de quel côté vont ses sympathies.

Jusqu'ici, chaque fois qu'un homme a osé attaquer M. Ch. Girard, on l'a écrasé sous l'épithète de falsificateur, on l'a accusé de stipendié des fraudeurs. On commence heureusement à revenir de ces procédés qui empêchent toute discussion.

Nous espérons que le jour est proche où M. Girard sera chassé du Laboratoire ; tout le monde est d'accord pour reconnaître que ce sera payer bien peu tout le mal qu'il a fait à notre commerce; nous pensons, nous, qu'il ne sera pas quitte à si bon compte ; ce jour-là, nous conviendrons qu'il y a ici-bas quelque justice.

Agréez, Monsieur, mes salutations distinguées,

P. Jumeau,
Ex-expert-chimiste au Laboratoire municipal.

(La *Voix*, 28 septembre 1889).

Ce même chimiste, alors qu'il était encore en fonctions au Laboratoire, avait déjà écrit au mois de juillet à un conseiller municipal, membre de la commission de contrôle, qui est chargée de la réorganisation de cette institution, la lettre dont voici les principaux passages :

« ..... Connaissant l'intérêt que vous portez à l'institution du Laboratoire, j'ai toujours désiré vivement vous mettre au courant des faits véritablement scandaleux qui, de tous temps, se sont passés au Laboratoire. J'en ai toujours été empêché par les conseils de gens autorisés qui ont bien voulu me montrer l'inutilité de vous dénoncer ces faits, *étant donné leur caractère de gravité exceptionnelle*, ces faits étant *tellement inouïs* qu'ils devaient être forcément considérés, par toute personne sensée, comme invraisemblables. Cette manière de voir a été malheureusement confirmée depuis (au procès du *XIXe Siècle*).

» De tous temps, les chimistes du Laboratoire se sont élevés non contre les procédés analytiques, mais contre la manière de les appliquer. (De ne pas les appliquer, serait plus exact.) Les chimistes qui ne craignaient pas de se mettre à dos leurs voisins moins consciencieux, se sont toujours vus pris à partie par la direction, alors qu'au contraire ils auraient dû avoir tout son appui.

C'est précisément pour n'avoir jamais voulu appliquer ces procédés que les réclamations ont toujours été de plus en plus nombreuses, aboutissant toujours à des campagnes de plus en plus vives contre l'institution et surtout contre son chef. Il s'est toujours trouvé des chimistes assez osés pour protester et se montrer soucieux de la bonne exécution des analyses. Ecoutés, ils auraient évité dans la suite, ces réclamations si nombreuses qui ont, à l'heure actuelle, déconsidéré entièrement l'institution. »

Le signataire de la lettre ajoute ensuite que ces chimistes ont dû quitter le Laboratoire. Certains ont eté révoqués, les autres ont dû donner leur démission.

« Les mêmes causes produisent toujours les mêmes effets. C'est donc sans étonnement que nous voyons l'ère des persécutions se rouvrir au Laboratoire. *La direction a tout nié, tout caché ;* des chimistes ont, au contraire, tout avoué. Grâce à eux, la vérité a enfin un peu percé, et le conseil municipal tout entier vient de voter la réorganisation du Laboratoire.

Mais voici la note à payer : il est démontré que des analyses — des milliers d'analyses — ont été faites de la manière la plus scandaleusement fantaisiste. Le premier soin de l'administration était de faire une enquête et de révoquer les chimistes convaincus de faux, de les poursuivre même. Elle ne bouge pas. »

Et l'auteur se plaint que l'administration tombe sur les chimistes qui n'ont pas craint de dire la vérité et qui ont même osé se plaindre aux conseillers municipaux. Enfin, il montre qu'on a retiré aux chimistes consciencieux les expertises qui leur auraient été confiées. pour les envoyer en disgrâce aux dernières places du Laboratoire, et pour les remplacer par des chimistes qui ont reconnu eux-mêmes n'avoir aucune notion des analyses dont on allait les charger. Il proteste contre les agissements de la direction et rappelle qu'il a toujours dit sa façon de penser, même avant la campagne du *XIXe Siècle* et déclare qu'il s'estime bien heureux s'il a pu éclairer un peu la commission de contrôle du Laboratoire. Il termine en ces termes :

« Il a toujours été de règle au Laboratoire de révoquer tout chimiste ayant osé dire la vérité. Ma lettre en contient dix fois plus qu'il n'en faut pour une révocation. Je vous prie de la transmettre, à cette fin, à M. Girard où à M. le préfet de police, si vous pensez qu'un seul des faits que je vous dénonce soit inexact. »

Le conseiller municipal transmit la lettre à M. Girard. Ce dernier n'osa pas révoquer son chimiste. M. Jumeau, le signataire de la lettre, donna alors sa démission.

A peine la *Voix* avait-elle publié la lettre de M. Jumeau, qu'un de ses collègues, M. Lagorce, venait encore ajouter son témoignage par la lettre que voici :

« Dans votre dernière *Lettre d'un chimiste*, vous accusez un chimiste principal du Laboratoire de s'être rendu coupable de légèretés graves dans l'exécution de ses analyses. Permettez-moi de vous dire que les chefs du Laboratoire doivent *seuls* être rendus responsables. Vous serez peut-être de mon avis quand je vous aurai indiqué les conditions dans lesquelles se font les recherches au Laboratoire. Les chimistes sont *tenus* de retrouver dans une matière alimentaire la falsification qui y est signalée, faute de quoi ils s'exposent à être très mal vus de l'administration et désignés pour les hécatombes futures.

Il s'agit donc *moins* de faire soigneusement les analyses que de présenter des résultats conformes aux indications des procès-verbaux de prélèvements et à l'avis des dégustateurs.

Le chimiste que vous accusez était donc enfermé dans ce dilemme : *Ou faire des recherches sérieuses et s'exposer à la rancune de M. Girard*, ou bien se conformer à la dégustation, *en négligeant une réaction au sujet de laquelle il ne gardait aucune illusion.*

Il prenait le parti qui devait lui être le plus profitable et travaillait ainsi à l'édification de la *gloire* de M. Girard, maître absolu du palais de ses dégustateurs et de l'alambic de ses chimistes.

Veuillez agréer, etc.

E. Lagorce,
Ancien chimiste expert du Laboratoire.

Il ressort tout d'abord de cette lettre que l'accusation portée contre le chimiste principal était de notoriété publique au Laboratoire.

Je remercie sincèrement M. Lagorce d'avoir bien voulu joindre son témoignage public à l'affirmation déjà si nette et si catégorique de son collègue M. Jumeau, et j'ai reçu sa lettre avec d'autant plus de plaisir que M. Lagorce m'était déjà connu par l'acte de haute moralité qu'il a récemment accompli. Ce chimiste, en effet, a quitté le Laboratoire tout récemment encore, parce que le nombre des analyses de laits qu'on exigeait de lui quotidiennement, ne lui permettait pas de remplir consciencieusement son rôle d'expert chimiste.

Pourtant mon honorable confrère voudra bien me permettre de ne pas partager entièrement son avis quand il fait remonter la responsabilité *entière* de pareils agissements à la direction du Laboratoire.

Si M. Girard exige de ses chimistes des actes malhonnêtes, un honnête homme aurait eu le devoir absolu de se refuser à s'y prêter. Si le chimiste principal ne s'y fût pas prêté, M. Girard n'aurait pu venir étaler devant le monde savant les *infaillibles (?)* résultats de sa méthode, et la loi Griffe n'aurait pas vu le jour. Le chimiste principal n'est que le complice de M. Girard, soit; mais la responsabilité du complice est la même devant la loi; elle doit être la même devant l'opinion publique. Au reste, un expert qui risque l'honneur et la fortune du commerce honnête en commettant un pareil acte ne me paraît pas mieux valoir que l'homme qui le lui commande.

Je ne jugerai pas M. Girard. D'autres l'ont fait avant moi, et de main de maître. A leurs jugements il n'y a rien à ajouter.

« Faire des recherches sérieuses, c'était s'exposer à la rancune de M. Girard et se faire désigner pour les hétacombes futures », nous dit M. Lagorce.

Cela *explique* la conduite de certains chimistes du laboratoire, mais cela ne suffit pas à *l'excuser*. Auraient-ils donc obéi, si M. Girard leur avait commandé d'aller prendre dans sa poche le porte-monnaie de l'épicier du coin? Eh bien mais, en faisant « à l'œil » les analyses au laboratoire municipal, ne faisaient-ils pas pis encore? Ce n'est pas seulement son argent qu'on *volait* au commerçant, mais encore son honneur.

Je comprends très bien le sentiment de camaraderie qui

vous a poussé à excuser votre ancien collègue, mais comment se fait-il alors, mon cher confrère, que le jour où M. Girard a voulu exiger de vous un nombre d'analyses de lait que vous ne pouviez consciencieusement faire, vous vous êtes refusé à obéir ? Comment se fait-il que vous ayiez préféré perdre votre place (acquise au concours) plutôt que de faire un métier qui répugnait à votre conscience ?

C'est que vous êtes, vous, un honnête homme, comme la presque totalité, du reste (heureusement !) de vos anciens collègues du Laboratoire.

Enfin, pour compléter cette série de documents, la *Voix*, recevait quelques jours après, d'un chimiste encore en fonction au Laboratoire, la lettre suivante :

LABORATOIRE DE CHIMIE

Paris, le 5 octobre 1889.

Monsieur le Directeur du journal la *Voix*,

Jamais loi n'a soulevé de protestations semblables à celles qui se sont produites pour la loi Griffe, loi inapplicable, nuisible au consommateur autant et plus peut-être qu'au marchand et au producteur.

Vous avez montré que cette loi était due au seul chimiste qui ait osé affirmer jusqu'ici être en possession d'un procédé analytique permettant de reconnaître la présence du raisin sec dans le vin naturel. C'est à la suite de l'affirmation faite à la commission extraparlementaire par M. Girard que cette loi idiote fut votée.

M. Girard dira qu'il a longtemps expérimenté sa méthode et que toujours il a obtenu des résultats conformes à ceux du service de la dégustation du Laboratoire, qui seul aussi jusqu'ici se fait fort de reconnaître le vin de raisin sec dans un mélange. Comme preuve à l'appui, M. Girard montrera ses livres. Plusieurs milliers de vins dans lesquels la dégustation soupçonnait la présence du raisin sec, ont donné à l'analyse la réaction caractéristique de la piquette de raisins secs. Il n'y aurait qu'à s'incliner si ces faits étaient vrais.

Vous avez montré comment ces résultats merveilleux ont été obtenus. Jamais l'analyse de ces vins n'a été faite, M. Ch. Girard a essayé de tromper ses chimistes comme il a trompé tout le monde jusqu'ici. Pour cela, il s'est assuré le concours d'un chimiste peu scrupuleux, et la petite comédie suivante a pu durer plusieurs années ! ! et durerait encore sans les protestations énergiques de chimistes du Laboratoire, qui n'ont pas hésité à se révolter contre le tout-puissant directeur du Laboratoire, mais qui ont payé de leur place tant d'audace.

Par ordre de M. Girard, le chimiste principal en question réunissait à sa place tous les vins signalés par la dégustation comme renfermant de la piquette, et dont il avait communication des numéros d'entrée au Laboratoire (n'oublions pas que M. Girard a toujours affirmé tenir les décisions de la dégustation « cachées », et faire rechercher la piquette dans « tous » les vins ; d'après lui ce n'est que lorsque les deux conclusions étaient semblables qu'il concluait). Les chimistes étaient donc tenus de remettre au seul chimiste principal les vins dont celui-ci leur indiquait les numéros, « vins qu'il savait à l'avance », comme on voit, « contenir de la piquette » (d'après les dégustateurs). Les chimistes n'avaient plus à s'occuper de leurs vins pour cette recherche spéciale ; seul le chimiste principal allait faire cette recherche par le procédé *tenu secret pour tout le monde au Laboratoire.*

Ce procédé consistait à écrire en regard du numéro du vin suspect la mention : A donné la réaction de la piquette — *et l'analyse était faite.* Inutile de vous dire que les chimistes n'ont pas été longs à s'apercevoir du truc, on leur tenait caché le fameux procédé, et pour cause. Il est certain que tous n'auraient pas accepté cette besogne.

Vous avez osé dévoiler ces faits, ils ont été confirmés par plusieurs chimistes qui avaient au Laboratoire toute notre sympathie et ont dû le quitter parce qu'ils ont osé dire de tout temps leur façon de penser. Permettez donc à un chimiste du Laboratoire de venir joindre son témoignage à ceux de ses collègues. Il faut que M. Girard s'explique sur ces faits et que de pareils actes dans une institution municipale soient punis comme ils le méritent.

Mais il faut surtout bien établir que M. Girard ne « peut prétendre ignorer » ces faits. M. Girard était de connivence avec son chimiste principal. Il vient d'augmenter le traitement de celui-ci, alors que son devoir, au contraire, était de le chasser, maintenant que vous avez porté ces faits à la connaissance du public et qu'il ne peut plus prétendre les ignorer.

Ceci se passe de commentaires, et la culpabilité des deux est bien établie. M. Girard a vivement engagé hier son chimiste principal à ne rien répondre à vos accusations, parce qu'elles n'en valent pas la peine!

Vraiment, nous nous demandons ce qu'il pourrait bien répondre. Est-ce que ces faits ne sont pas de notoriété publique au Laboratoire?

Certains chimistes vous diront que M. Ferrières, le chimiste principal, a obtenu la réaction *caractéristique* de la piquette dans les vins qu'on avait oublié de lui remettre et dans les vins « naturels! « (qu'on oubliait exprès de lui signaler comme tels). M. Dupré, le sous-chef du Laboratoire, se le rappelle-t-il?

Je ne terminerai pas sans souhaiter que la presse, qui seule peut faire cesser ces scandales, demande bien haut que M. Girard soit forcé de répondre à des accusations si nettes. Que M. Girard poursuive, s'il l'ose, les chimistes qui ont dévoilé et stigmatisé si énergiquement ces faits.

Recevez, Monsieur le directeur, l'assurance de mes sentiments distingués.

Un chimiste qui, forcément. se voit obligé de garder l'anonyme.

VII

RÉSUMÉ & CONCLUSIONS

Dans son remarquable discours au Cirque-d'Hiver. comme au cours de la discussion de la loi Griffe à la Chambre des députés, M. Millerand a montré et démontré que cette loi était une loi mauvaise, mettant des entraves à notre commerce français au seul profit des négociants étrangers, et nuisible au consommateur plus encore qu'au marchand et qu'au producteur.

La conséquence de cette loi n'est-elle pas, en effet, de voir nos marchés inondés de vins étrangers vendus comme vins naturels, mais qui pourront être falsifiés sans que nos commerçants, impuissants à reconnaître la fraude et à s'en protéger, mais garantis par l'etiquette d'importation puissent protéger à leur tour leur clientèle contre la falsification ? Je ne sais si l'on fraudera moins en France (et la fraude est autrement rare que ne le publient certaines gens un peu intéressés du reste à terroriser le public pour augmenter leur importance et... arrondir leur fromage de Hollande], mais nous boirons davantage de vins frelatés en dehors de nos frontières, cela sans compter la défiance et le discrédit considérables jetés sur notre commerce par une pareille « loi des suspects ».

Ah! si la science permettait de découvrir la falsification ! S'il existait des méthodes certaines permettant d'affirmer la présence ou l'absence de la substance soupçonnée avoir servi à la fraude ! Je serais le premier à applaudir à la loi nouvelle. On ne saurait trop approuver les mesures destinées à réprimer les fraudes dans les transactions commerciales; mais si ces faits sont repréhensibles, il me paraît également de toute équité qu'une condamnation judiciaire ne puisse être établie que sur des preuves et non sur l'arbitraire.

Nos députés, en votant la loi, ont commis une faute, mais ils avaient une excuse. Le directeur du laboratoire n'avait-il pas affirmé à la commission extra-parlementaire qu'il se faisait fort, au moyen de méthodes personnelles infaillibles et secrètes, de retrouver les falsifications visées par la loi, et entre autres le vin de raisins secs ?

M. Girard disait-il la vérité ? Il apportait comme preuves les cahiers du Laboratoire et montrait que sur 100 vins où le dégustateur reconnaissait la saveur de la piquette, 99 donnaient au chimiste la réaction caractéristique du vin de raisins secs ?

Le véritable auteur de la loi Griffe est donc M. Girard lui-même.

Malgré les affirmations du directeur du Laboratoire, M. Millerand combattit énergiquement le projet de loi. C'est que le récent procès du *XIXe Siècle* lui avait prouvé combien étaient sujettes à caution et la réputation d'infaillibilité de M. Girard et les analyses de son Laboratoire.

La loyauté scientifique de M. Girard ? il venait d'en stigmatiser les erreurs et les agissements et il ne pouvait avoir confiance en cette loyauté.

Le rapport de la Chambre syndicale des vins en gros lui avait apporté la preuve que la dégustation au Laboratoire était loin d'être infaillible. L'expérience si concluante, à laquelle venaient de se livrer, sur l'ordre du Parquet, des savants comme MM. Riche, Magnier de la Source et L'Hote, dont il connaissait la haute valeur indiscutable et indiscutée du reste, venait de lui montrer également que ce fameux procédé secret du Laboratoire était un *comble*, ainsi que le nommait un journal scientifique et n'avait aucune valeur. Un praticien émérite, M. Portes, était venu devant la cour d'assises, ajouter son témoignage à la déposition de ses confrères.

En présence de l'opinion unanime des savants les plus

autorisés, opinion qui contredisait formellement les allégations de M. Girard ; estimant ce dernier à sa juste valeur, alors qu'il connaissait l'estime dont les contradicteurs du chef du Laboratoire sont universellement entourés. M. Millerand ne pouvait hésiter. Estimant également que la chimie est une *science* et non une *branche de la police*, il ne pouvait laisser livrer pieds et poings liés notre commerce à un fonctionnaire dont il connaissait trop la fantaisie et les procédés arbitraires ; aussi protesta-t-il de toutes ses forces contre une loi actuellement inapplicable, d'après les affirmations unanimes de tout le monde savant.

La loi fut votée quand même. Aujourd'hui, ceux-là mêmes qui l'ont votée, sont les premiers à la renier et à reconnaître leur erreur.

Quelque temps après, le Congrès international de chimie votait à l'unanimité cette déclaration de principe (en toute connaissance de cause, les procédés de M. Girard ayant été livrés à la publicité) :

« Après délibération, le Congrès international de chimie déclare qu'en l'état actuel de la science, il n'existe pas de procédé permettant de reconnaître l'addition de vins de raisins secs au vin de vendange. »

Il restait pourtant un point obscur. Le cahier du Laboratoire accusait des résultats splendides tendant à faire croire, malgré tout, à l'infaillibilité de la méthode Girard.

Comment avaient été obtenus ces magnifiques résultats ? Nos lecteurs le savent aujourd'hui.

Cela tenait tout simplement à ce que pour être sûr de concorder toujours avec la dégustation, le chimiste principal chargé de la recherche des raisins secs ne faisait même pas l'analyse, et se contentait d'écrire au bas de la feuille, où les chimistes de sa salle avaient inscrit les résultats des dosages qu'ils avaient opérés, que le vin soupçonné par le dégustateur de contenir du vin de raisins secs, lui en avait donné la réaction caractéristique.

Comme cette ingénieuse méthode avait été mise en pratique plusieurs fois par jour et pendant plusieurs années, le laboratoire avait ainsi obtenu un nombre considérable d'analyses toujours concordantes avec la dégustation, ce qui avait permis à M. Girard de publier partout l'infaillibilité de ses méthodes et d'en présenter la preuve, qui avait l'air irréfutable.

La vérité s'est pourtant fait jour grâce aux révélations de chimistes mêmes du laboratoire, dont la conscience s'était révoltée contre de pareils actes, et deux d'entre eux n'ont pas hésité à venir publiquement confirmer les accusations que m'avaient apportées quelques-uns de leurs collègues.

J'ai dit que nos députés, trompés par M. Girard, avaient une excuse.

Le directeur du laboratoire, lui, n'en a pas. De pareils faits ne sauraient se produire quotidiennement pendant plusieurs années sans que la direction s'en aperçoive, alors que ces faits étaient de notoriété publique. Les lettres de M. Lagorce et Jumeau nous confirment encore notre manière de voir.

Qu'en pense maintenant la commission de contrôle ?

Et ce que nous avons dit pour le vin de raisins secs, nous pourrions le répéter pour un grand nombre d'autres cas, avec des preuves tout aussi convaincantes.

Mais c'est assez parler du laboratoire municipal. Nous voulions montrer et nous avons fait la preuve à cet égard, que le premier soin de la commission parlementaire avait été de s'informer, avant d'étudier la loi, de la possibilité de l'appliquer, et que l'affirmation de M. Girard qu'il pouvait reconnaître un mélange de 5 0/0 de vins de raisins secs dans un coupage, avait été le pivot et la base nécessaires de cette loi. Nous avons également prouvé que la prétention de M. Girard ne reposait sur rien de sérieux et que le monde savant lui avait infligé le plus catégorique démenti.

Quant à la loi Griffe en elle-même (et l'avis de tous est

le même à ce sujet), non seulement elle est inapplicable, mais en cherchant à réprimer les abus qui se produisent, elle offre un remède cent fois pire que le mal. Destinée à favoriser les intérêts des viticulteurs, elle les compromet sérieusement; attendu que les négociants en gros, comme le dit si bien M. Crinon dans son rapport, soucieux de mettre leur responsabilité à l'abri, (préoccupation toute naturelle), se fourniront à l'étranger. Nos viticulteurs n'y gagneront donc rien, bien au contraire; en revanche, le consommateur y perdra, car nos marchés seraient approvisionnés de vins qui seraient, dans bien des cas, plus mauvais encore que ceux contre lesquels la loi Griffe veut sévir; et qui, quoique contenant des vins de raisins secs et des vins de sucre, seraient étiquetés comme vins naturels alors que, dans l'état actuel de la science, nos chimistes ne peuvent déceler la fraude.

En somme, cette loi ne saurait être appliquée que d'une façon arbitraire, et elle deviendrait, outre une source de conflits entre les commerçants et les viticulteurs, une source intarissable de vexations. Nous pensons que le législateur doit prendre les plus grandes précautions pour sauvegarder leur honneur et ne pas les exposer à des condamnations qui pourraient être prononcées par les tribunaux sur le vu de bulletins d'analyse ne présentant pas un caractère de certitude suffisant.

L'abrogation de cette loi s'impose à la législature nouvelle ou tout au moins sa modification par un article additionnel qui pourrait être ainsi conçu :

« LA PRÉSENTE LOI NE SERA RENDUE APPLICABLE QUE LORSQUE LES MÉTHODES SCIENTIFIQUES PERMETTRONT DE RECONNAITRE AVEC CERTITUDE LES FALSIFICATIONS PRÉVUES ET PUNIES PAR LA PRÉSENTE LOI. »

Il y a là une question de justice et d'équité qui doit prévaloir, à notre avis, sur toute autre considération.

www.ingramcontent.com/pod-product-compliance
Ingram Content Group UK Ltd.
Pitfield, Milton Keynes, MK11 3LW, UK
UKHW022143190726
13855UKWH00003B/1316